《施工技术与

本光盘包含 2 个独立的多媒体课件，第 1 个是《土木工程施工技术》，第 2 个是《建筑工程施工组织与进度控制——工程网络计划的类型和应用》，分别用不同的思路和形式来讲授课程内容，都具有生动形象、紧密联系工程实际的特点，现编辑整合以飨读者。

土木工程施工技术
姜庆远

一、课程简介

我国土木工程施工技术发展很快，特别是在建筑施工方面，全国各地已先后建造了许多具有重大影响力的大型工程项目和一大批高层、超高层建筑，取得了丰硕成果。在土木工程项目建造过程中，我国工程技术人员和高校教学科研人员解决了大量施工难题，完成了许多科研攻关项目，极大地促进我国土木工程施工的发展。

《土木工程施工技术》是土木工程专业的主要专业课程之一，主要研究土木工程施工技术的一般规律，讲授土木工程施工中主要工种工程的工艺方法、工艺原理和保证施工质量、安全的技术措施。它涉及的知识面广，与土木工程施工技术实际发展联系紧密，对培养学生综合运用土木工程专业知识独立分析和解决工程问题具有重要作用，是学生将来就业、深造的重要必修课程。

二、课件特点

本课件是针对高等学校土木工程专业学生编制的《土木工程施工技术》多媒体教学课件，是在中国建设教育协会和中国建筑工业出版社联合举办的第1届建筑类多媒体课件大赛获奖课件的基础上进一步改编完善而成的。课件参考了多本土木工程施工技术教材和大量土木工程专业论文，参照了我国现行的土木工程结构、施工及验收规范，并列举工程实例，力求反映我国土木工程施工技术的最新进展。为了帮助学生理解吸收，课件形式除文字叙述外，还包括图片、照片、录像和动画，以期形象直观地反映教学内容。

课件的文字叙述部分采用两种颜色，将学生需要记录的内容和帮助学生理解、拓展学生视野、仅供教师讲解的内容分开，以精减学生课堂笔记的内容数量，便于学生课后复习；同时方便教师备课，以使教师有更多时间学习新知识,将更新、更多的信息传授给学生。

根据课程教学大纲,参照房屋的施工过程,并考虑到课时限制,本课件共分六章,包括土方工程、深基础工程、砌体工程、钢筋混凝土工程、预应力混凝土工程和结构安装工程,建议课堂教学为48学时。其中第二章深基础工程补充了钻孔压浆桩、夯扩桩、大直径沉管灌注桩、桩端桩侧压力灌浆内容。

本课件编制过程中得到许多老师和工程技术人员的热情帮助,其中几张照片取自同济大学应惠清老师的课件,部分录像取自北京建筑工程学院穆静波老师的课件,在此表示衷心的感谢。

国际金融中心大厦(二期)　　中信广场大厦

土方施工注意的问题：土壁稳定和地下水
1.2 土方边坡与土壁支护

某基坑土方边坡失稳

(1) 特点：后退向下，强制切土。开挖停机面以下的Ⅰ～Ⅲ类土
(2) 适用范围：开挖深度4m左右的基坑、基槽和管沟及含水量大的土
(3) 作业方式：沟端开挖——后退向下，强制切土
　　　　　　　沟侧开挖

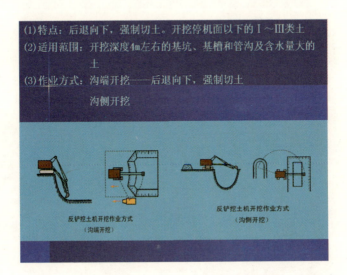

反铲挖土机开挖作业方式　　　反铲挖土机开挖作业方式
（沟端开挖）　　　　　　　　（沟侧开挖）

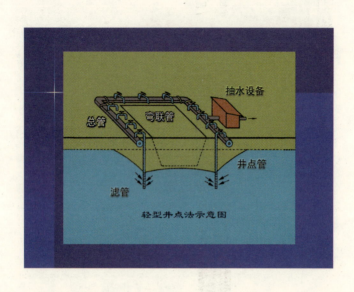

(3) 轻型井点计算

井的类型:
- 无压井:无压完整井、无压非完整井
- 承压井:承压完整井、承压非完整井

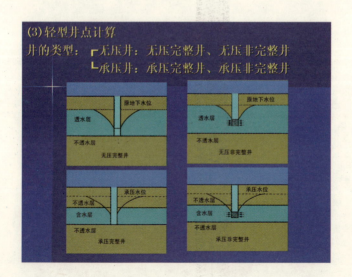

长螺旋钻孔机及灌注桩施工（录像）

冲抓锥——较松散黏土、粉质黏土、砂卵石层及其他软质土层，直径450~600mm

←冲抓锥　　潜水钻→

潜水钻——黏性土、淤泥、淤泥质土、砂土、风化岩石等，直径500~1500mm，深达50m

复习思考题：

[1] 钢筋混凝土预制桩的制作、起吊、运输和堆放的要求怎样？
[2] 常用的桩架和桩锤各有哪些类型？各有何特点？
[3] 打桩顺序有几种？与哪些因素有关？如何确定打桩顺序？
[4] 打桩应采取何种方式？打桩时应注意观察哪些内容？
[5] 按受力情况桩分成几类？打桩施工中如何控制？
[6] 如何预防打桩振动对周围环境的影响？
[7] 静力压桩的施工工艺怎样？
[8] 接桩有几种方式？各适用于什么情况？
[9] 灌注桩与锤击沉桩相比有何优点？
[10] 灌注桩成孔方法有哪些？各适用于什么情况？
[11] 泥浆护壁成孔灌注桩的施工工艺怎样？泥浆和护筒各有何作用？清孔方法有几种？孔底沉渣有何规定？

3.3.2 砌筑的材料要求和施工准备

要求：砖的品种、强度等级必须符合设计要求，并应规格一致。用于清水墙、柱表面的砖，应边角整齐、色泽均匀
砂浆的种类和强度等级必须符合设计要求

施工准备：砌筑时，砖应提前1～2d浇水湿润

1. 找平弹线

砌筑前，先在基础防潮层或楼面上用水泥砂浆找平，然后根据龙门板上的轴线定位钉或房屋外墙上（或内部）的轴线控制点弹出墙身的轴线、边线和门窗洞口的位置

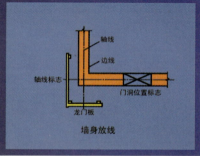

墙身放线

◆扣件：直角扣件——连接互相垂直交义的钢管
　　　　回转扣件——连接平行或呈任意角度相交的钢管
　　　　对接扣件——钢管的对接接长

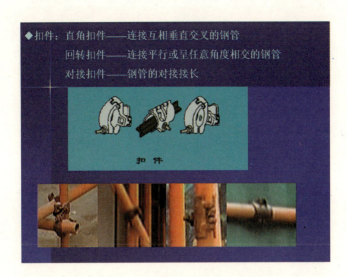

圆柱支模（录像）

(3)张拉方法:一端张拉或两端张拉
考虑:1)摩擦损失
    2)锚具变形和钢筋内缩值 a(见下表)

锚具类别		a(mm)
支承式锚具(钢丝束镦头锚具等)	螺帽缝隙	1
	每块后加垫板的缝隙	1
锥塞式锚具(钢丝束的钢质锥形锚具等)		5
夹片式锚具	有顶压时	5
	无顶压时	6～8

当内缩损失影响长度 $L_0 \geq L/2$,一端张拉;否则两端张拉
　当同一截面中有多根一端张拉的预应力筋,张拉端宜分别设置在结构的两端
　当两端同时张拉同一根预应力筋,宜先在一端锚固,再在另一端补足张拉力后锚固
(4)张拉顺序

(2)堆放规定
3.构件的拼装与加固

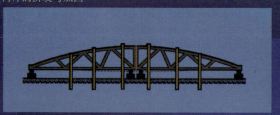

4.构件检查:外观(缺陷和尺寸偏差)和强度
5.构件的弹线与编号
弹线:吊装准线,作为构件对位、校正的依据。
(1)柱:三面弹线(两个小面、一个大面)
　　　柱顶屋架安装中心线、牛腿面吊车梁安装中心线

建筑工程施工组织与进度控制
——工程网络计划的类型和应用
李 光

一、课件内容

1. 教学内容

本课件计划学时为8~12学时。包括双代号网络计划、单代号网络计划、双代号时标网络计划、单代号搭接网络计划、网络技术在进度控制中的应用五部分。

2. 教学目的

掌握网络计划技术编制方法，能够应用工程网络计划技术。

3. 教学要求

详细讲解本课程的知识要点，特别是针对网络计划技术的特点，对基本理论部分讲解应深入浅出、逐步细化。重点掌握网络计划的组成要素、绘图规则、时间参数的计算、关键工作、关键线路的确定。熟悉网络计划在进度-费用控制的实际应用方法。

教学难点首先是网络图的绘制，特别是在给定工作清单的限制条件下，如何应用网络技术正确表达工艺逻辑和组织逻辑关系，其次是网络计划中的时间参数的计算，再次是应用网络技术理论，编制实际工程项目进度计划，以及计划在应用过程中的调整与控制。本部分内容可通过案例教学方法多举一些工程实际案例,激发学生的学习兴趣，以达到教学目的。

二、课件特点

本课程教学特点是绘图量大，如果采用板书教学，绘图将占去较多的时间。采用课件教学，在很大程度上可以节约绘图时间，加大举例分析的过程，特别是可充分利用课件的生动多变的表现性，强化图形分析，同时利用图形的形象记忆，达到良好的学习效果。

在本课程的教学课件制作中，充分利用课件灵活多变的教学手段，在教学内容编排中，理论概念与知识点的引入、概念的解析都充分利用课件教学信息量大的优势。精讲多练，而且提高了图形记忆的功能，可收到事半功倍的教学效果。

三、制作思路和手段

1. 网络计划技术课程的教学难点较多，特别是很多时间点的概念单纯用语言描述很难讲清，如果通过图形分析会取得较好的效果，但课堂的有限教学时间又不可能完成大量的图形绘制工作,而采用多媒体教学课件则是解决这一难题的最佳选择。

2.课件制作过程充分利用PowerPoint的动画效果及编辑功能,将教学的内容做成基本元素(即每一个符号、文本框)然后按照编排好的先后次序形成连续的过程,使得教学内容通过分解步骤逐个展现。另外如果遇到版面不够的情况,可利用超链接功能解决。为适应教学要求,大部分内容均采取手动控制演示过程,以满足分步讲解的课堂需要。

1、双代号网络计划的表示方法

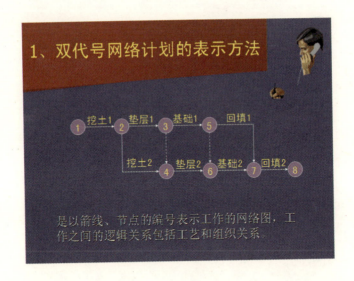

是以箭线、节点的编号表示工作的网络图,工作之间的逻辑关系包括工艺和组织关系。

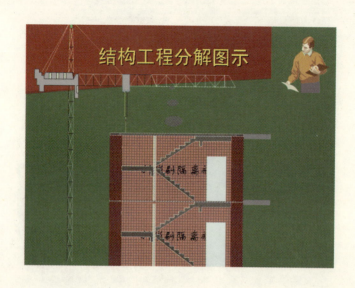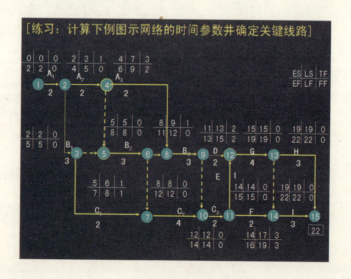

参考文献

1. 《建筑施工手册》(第四版)编写组．建筑施工手册(第四版)．北京：中国建筑工业出版社，2003
2. 刘宗仁，王士川．土木工程施工．北京：高等教育出版社，2003
3. 赵志缙，应惠清．建筑施工．上海：同济大学出版社，1998
4. 穆静波，林振．建筑施工．北京：中国建筑工业出版社，2004
5. 杨嗣信，侯君伟．高层建筑施工手册（上册）．北京：中国建筑工业出版社，2001
6. 谢尊渊等．建筑施工．北京：中国建筑工业出版社，1998
7. 刘宗仁．建筑施工技术．北京：中央广播电视大学出版社，2000
8. 宁仁岐．建筑施工技术．北京：高等教育出版社，2002
9. 赵志缙，李继业，刘俊岩．高层建筑施工．上海：同济大学出版社，2001
10. 唐岱新．砌体工程．北京：高等教育出版社，2003
11. 全国一级建造师执业资格考试用书．房屋建筑工程管理与实务．北京：中国建筑工业出版社，2005

服务专业课堂　　丰富教材内容　　突出重点难点　　创新教学手段

建筑设计基础 —— 空间构成
钢筋混凝土模拟教学试验系统
画法几何
理论力学多媒体辅助教学系统
钢结构设计原理
城市交通
园林规划设计
施工技术与组织
智能消防　空调监控　建筑日照
建筑工程测量
土木工程材料
建筑制图
建筑识图与构造 —— 楼梯　变形缝
装饰施工工艺与构造